2016

北京绿富隆农业股份有限公司

年 鉴

北京绿富隆农业股份有限公司办公室 编纂

中国农业出版社

10月14日，在"2016京张优质农产品推介会"上，中共延庆区委书记李志军（右二）到绿富隆展位参观，延庆区区长穆鹏、副区长刘瑞成、北京市农村工作委员会副主任吴更雨、张家口市市委副书记、副市长李金华陪同参观

10月20日，中共延庆区委书记李志军（右三）到绿富隆有机农业示范园调研，李军会、黄克瀛、吕桂富、刘瑞成陪同调研

6月6日，延庆区区长穆鹏（右二）到公司调研、考察

10月26日，延庆区副区长刘瑞成出席公司与中国农业科学院植物保护研究所签订"推进现代农业发展，保障绿色大事运行"合作协议仪式

11月23日，延庆区副区长董亮（右二）到东羊坊基地调研考察

7月26日，中国农业科学院植物保护研究所党委书记、副所长张步江（右二），副所长邱德文（右一）到公司东龙湾基地调研

11月24日，北京市"农邮通"服务站正式启动仪式在公司加工中心举办

11月24日，北京市"农邮通"服务站授牌

参加"2016京张优质农产品推介会"工作人员合影

"2016京张优质农产品推介会"绿富隆展位

观众在"2016京张优质农产品推介会"上观看绿富隆蔬菜包装过程

东龙湾基地"京津冀马铃薯新品种展示示范项目观摩会"

三八妇女节，公司女员工举
办活动

公司员工参加"首都全民义
务植树"活动

公司青年员工组织纪念五四
青年节骑游活动

公司组织老党员参观董存瑞纪念馆

七一，公司组织党员活动

"谋公司发展，展青年风采"演讲比赛颁奖

公司员工参观"延庆区创建全国文明城区"图片展

社会大课堂——绿富隆昆虫馆

社会大课堂——绿富隆科普长廊

《北京绿富隆农业股份有限公司年鉴》

编 纂 委 员 会

主　任　刘　宇

副主任　刘书满　国长军　张仲新

委　员　陈慧珍　杨树春　段颖颖　鲁志强

　　　　李雪艳　吴　迪　陈海龙　祁俊锋

　　　　卫秀蕊　田星星　董鹤敏　侯惟峰

　　　　许亚飞

《北京绿富隆农业股份有限公司年鉴》

编 辑 办 公 室

主　编　刘　宇

副主编　张仲新

成　员　董鹤敏　时　阳

摄　影　董鹤敏　时　阳

编　辑　说　明

一、本年鉴遵循实事求是的原则，真实、客观地反映实际情况。

二、《北京绿富隆农业股份有限公司年鉴》自 2017 年开始，逐年编纂出版。当年出版的年鉴，记述上一年度公司发展各方面的基本情况和重大事件。本年鉴记述时限为 2016 年 1 月 1 日到 2016 年 12 月 31 日。书中"本年""年内"及直书月、日的，均指 2016 年。

三、本年鉴的文字内容共分为 4 个类目：综述、特载、专文、大事记。

四、本年鉴的编辑工作得到各撰稿部门的热情关怀和大力支持，在此深表谢意。书中难免存在疏漏之处，恳请读者批评指正。

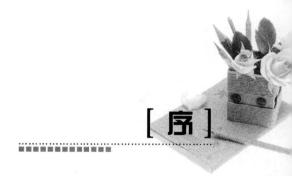

［序］

　　《北京绿富隆农业股份有限公司年鉴》（2016）是北京绿富隆农业股份有限公司（以下简称绿富隆）第一部年鉴，它对 2016 年绿富隆的发展历史进行了真实、客观的记录。在延庆区全力筹办世界园艺博览会、冬奥会的战略机遇期，绿富隆紧扣两件大事，结合区农业行业国企改革和自身优势特点，积极推进公司向平台服务型企业转型。身为地区农业行业唯一的国有企业，既要勇于担当，主动承担带动地区农业供给侧结构改革和农民增收致富的社会责任，也要开拓创新，不断提高自身市场核心竞争力和员工待遇。

　　为此，过去这一年，公司上下凝心聚力、全力以赴，总体形势稳中向好，经营业绩、内部管理、职工待遇等方面均得到不同程度的提高，引领地区有机农业发展、推进营销流通体系建设等重点项目取得了有效突破。但这仅是万里长征的第一步，目前绿富隆需要面对内部困难和外部竞争的双重考验，留给我们的黄金机遇期很短，不进则退，我们必须在战略转型、品牌打造、科技创新等方面开足马力、继续前进！

编　者

2017 年 1 月

[目 录]

编辑说明

序

综　　述

特　　载

————•꒰ 专　　文 ꒱•————

————•꒰ 大　事　记 ꒱•————

综　述

北京绿富隆农业股份有限公司简介

　　北京绿富隆农业股份有限公司，成立于 2002 年 12 月，注册资金 3 300 万元，为延庆区国有全资农业企业。公司主营业务涵盖有机蔬菜生产、加工、销售、配送全产业链。现有正式员工 79 人，拥有北京博绿园有机农业科技发展有限公司、北京中农绿安食品有限责任公司等下属企业及合作社共 15 家下属单位，年营业收入 3 000 多万元。

　　公司拥有蔬菜种植基地、种苗繁育基地和蔬菜配送中心。其中，蔬菜种植基地 1 000 亩[*]，位于延庆区旧县镇镇政府西 1.5 千米处。现有日光温室 21 栋、大棚 475 栋、连栋温室 6 400 米^2，种植黄瓜、番茄、芹菜等 30 多种蔬菜，年产量可达 4 000 吨。种苗繁育基地占地 475 亩，位于延庆区旧县镇。现有日光温室 10 栋、大棚 32 栋、连栋温室 6 000 米^2，年产蔬菜、花卉种苗 1 000 万株，2009 年被评为国家级蔬菜种苗标准化育苗基地。蔬菜配送中心占地 2.5 万米^2，位于延庆区大榆树镇，中心现有冷库 3 200 米^2，储备容量 4 000 吨。净菜、脱水蔬菜、速冻蔬菜年产量可达 3.5 万吨，承担北京市政府蔬菜应急储备任务。

　　公司先后取得了无公害农产品、有机农产品等各项认证，为中国农业有机产品发展联盟理事单位、北京市农业产业化重点龙头企业等。荣获农

---

　　[*]　亩为非法定计量单位，1 亩≈667 米^2。

业部中国名牌农产品、国家农业标准化示范区、北京市著名商标等荣誉，为农业部"助奥行动"先进集体、全国农产品加工示范企业等。被科技部命名为有机农业"北京市国际科技合作基地"，是北京市政府蔬菜应急保障储备承担单位、市外埠"菜篮子"基地建设承担单位。

2016 年，在各级领导的关心支持下，公司全体员工上下一心，团结协作，顺利完成了年初既定的工作目标和任务。回顾过去，我们对党建常抓不懈，规范公司管理，提高员工福利待遇，从生产到加工，各部门密切配合，业务稳步提升，得到了各级领导的充分肯定和消费者的逐步认可。经过这一年的努力，全体员工鼓舞了士气，增强了团队意识，对公司的未来充满了希望。

加强党建篇

——2016 年基层党建工作报告

2016 年，绿富隆公司党委认真学习领会习近平总书记系列重要讲话精神，认真学习贯彻落实党的十八届六中全会精神，全面贯彻落实中央"四个全面"战略布局要求，以扎实开展"两学一做"教育实践活动为抓手，抓班子、带队伍、促发展，扎实加强了企业党建工作，营造了公司上下同舟共济、干事创业谋跨越的良好氛围，实现了党建和经济"两不误、两促进"的良好效果，为促进公司转型发展、带动地区产业升级发挥了积极作用。

一、主要情况和特点

（一）抓学习培训，提升党员政治素养

学习是提升个人素养的基本途径。根据公司工作的特点，公司党委采取集中学习和自学相结合的形式，组织全体党员学习了十八届六中全会精神、《中国共产党廉洁自律准则》《中国共产党纪律处分条例》《中国共产党问责条例》《中国共产党党内监督条例》《中国共产党章程》等。在学习的同时，我们还注重理论联系实际，及时组织开展交流学习体会活动，与会人员结合各自岗位工作情况，积极发言，分享个人在学习过程中的认识和体会。

（二）抓制度建设，构建科学管理机制

为进一步加强制度建设，形成以制度管人的科学管理机制，使公司党建能更好地服务于工作。我们不断修订和完善了《党务公开制度》《党风廉政建设责任制度》和《党委工作规则》等。通过制度的建设与完善，并在实际工作中执行，进一步提升了支部的管理效率和水平。促进党委与公司基层治理结构无缝衔接，重大事项党委研究前置程序。

（三）开展"两学一做"专题教育活动

一是以党支部为单位，利用"三会一课"，重点进行政治理论、法律法规、业务知识和实用技能等内容的培训，以增强党员的宗旨意识和服务意识，提高党员的专业技能和履岗能力，将各项日常培训常态化。公司统一订购"两学一做"学习笔记本、《中国共产党章程》《中国共产党纪律处分条例》《中国共产党廉洁自律准则》和《习近平总书记系列重要讲话读本（2016 年版）》等书籍 123 本，作为各党支部重点学习材料。二是组织召开全体党员大会，党委书记刘宇同志为党员上党课。三是观影学习爱国主义精神。各党支部全体党员及部分员工观看了纪录片《警示录》，学习了《红色往事党旗故事》，重温中国共产党的光辉历程和丰功伟绩。

（四）强化班子及组织建设，夯实党建工作基础

一是根据年初计划，公司党委与下级党支部签订党风廉政建设责任书。二是按照上级组织要求，公司党委于年底前完成了换届工作。三是壮大党员队伍，全年共有 2 名同志转正为正式党员，有 5 名同志被吸收为预备党员，有 1 名同志成为积极分子。四是坚持"三会一课"制度，进一步

完善了党务公开制，增强党组织工作透明度。制订和完善了公司各项机关管理制度，并有效实施管理，层层签订了党风廉政建设责任书，在项目管理、人员竞岗、干部竞聘、财务管理及收支两条线等方面都严格按照国家有关规定及程序办理，做到纵向到底，横向到边。五是按要求做好2008年4月至2016年6月的党员党费补缴工作，公司现有党员44名全部按时交纳应缴党费。六是坚持民主集中制。凡是公司重大事项、重要项目的安排和资金使用，由领导班子集体决策，并坚持党务、企务公开。对于干部选拔任用等职工敏感的事项，在会议决定后严格执行公示制度，发现问题及时纠正。

（五）夯实安全基础工作，加强单位内部治安防范

一是严格落实安全生产（消防）工作责任制，完善突发安全事故应急预案，加大投入、夯实基础，狠抓制度落实和源头监管，及时消除隐患，确保单位无安全责任事故发生。二是强化单位内部安全保卫工作体系建设，单位内部人防、物防、技防、设施防等防范措施落实到位。三是积极配合公安、工商等部门，严厉打击生产经营中的虚假、诈骗等不法行为，努力创造安全和谐的社会环境。四是加强干部职工的法制教育和职业道德建设，建立和完善长效机制，严防干部、职工经济和刑事犯罪行为，确保单位内部不发生危害国家安全、泄露国家机密的违法犯罪案件。

（六）高度重视低收入村帮扶工作

按照2020年全面建成小康社会，低收入户全部脱贫的总目标，公司党委把扶贫济困工作摆上重要议事日程，定期到永宁西关村调查研究低收入户增收工作，为帮扶村制定产业致富计划；积极响应市、区要求，安排年轻干部脱产到帮扶村任第一书记，切实为困难村民谋发展、真脱贫贡献力量，并对永宁西关村35户困难户进行慰问。

特　　载

学党章党规、学系列讲话，做合格党员

中共北京绿富隆农业股份有限公司委员会书记　刘宇

一、深刻认识"两学一做"的重大意义和丰富内涵

开展"两学一做"教育活动是锤炼党员党性的迫切需要，目的就是要唤醒大家党的意识、党员意识、党章意识、党规意识，引导全体党员自觉坚定理想信念，自觉用党的理论来武装自己，自觉用党章党规来约束自己，以重塑党员形象、夯实党的基础。同时，开展"两学一做"学习教育是深化党内教育的重要实践。在范围上，是从"关键少数"向全体党员拓展；在形式上，是从集中教育活动向经常性教育延伸。2016 年以来，党中央从全面从严治党的战略高度，聚焦做合格共产党员，着力抓常抓细抓长，在全党开展"两学一做"学习教育，体现了思想政治教育的连续性，更标志着党内教育已经进入经常性教育的新常态，是全面从严治党的有力抓手，要通过学习教育活动，让大家树牢崇规意识、遵规意识、执规意识，自觉把自己的言行置身在党章党规的框架之内。

"两学一做"，主要内容就是学党章党规，学系列讲话，做合格党员，其丰富内涵体现在三方面：

1. 学党章党规。要着眼明确基本标准，树立行为规范，逐条逐句通

读党章，全面理解党的纲领，牢记入党誓词，牢记党的宗旨，牢记党员义务和权利，引导党员尊崇党章、遵守党章、维护党章，坚定理想信念，对党绝对忠诚。要认真学习《中国共产党廉洁自律准则》《中国共产党纪律处分条例》等党内法规，学习党的历史，学习革命先辈和先进典型，从身边的违纪违法案件中吸取教训，发挥正面典型的激励作用和反面典型的警示作用，引导党员牢记党规党纪，牢记党的优良传统和作风，树立崇高道德追求，养成纪律自觉，守住为人、做事的基准和底线。

2. 学系列讲话。要着眼加强理论武装、统一思想行动，认真学习习近平总书记关于改革发展稳定、内政外交国防、治党治国治军等方面的重要思想，认真学习以习近平同志为核心的党中央治国理政的新理念、新思想、新战略，引导党员深入领会系列重要讲话的丰富内涵和核心要义，深入领会贯穿其中的立场、观点和方法。要区别普通党员和党员领导干部，确定学习的重点内容。

3. 做合格党员。要着眼党和国家事业的新发展对党员的新要求，坚持以知促行，做讲政治、有信念，讲规矩、有纪律，讲道德、有品行，讲奉献、有作为的合格党员。引导党员强化政治意识，保持政治本色，把理想信念体现为行动的力量；要在思想上、政治上、行动上同以习近平同志为核心的党中央自觉保持高度一致，经常主动向党中央看齐，向党的理论和路线方针政策看齐，做政治上的明白人；要践行党的宗旨，保持公仆情怀，密切联系群众，全心全意为人民服务；要加强党性锻炼和道德修养，心存敬畏、手握戒尺，廉洁从政、从严治家，筑牢拒腐防变的防线，在推动公司健康快速发展方面创先创优、争当表率。

二、下大力践行"两学一做"要求

开展"两学一做"学习教育，是落实党章关于加强党员教育管理要求、面向全体党员深化党内教育的重要实践，是推动党内教育从"关键少数"向广大党员拓展、从集中性教育向经常性教育延伸的重要举措，是加强党的思想政治建设的重要部署。"两学一做"学习教育不是一次活动，要突出正常教育，区分层次，有针对性地提高素质、解决问题，用心用力，抓细抓实，真正把党的思想政治建设抓在日常、严在经常。

开展"两学一做"学习教育，基础在学，关键在做。要把党的思想建设放在首位，以尊崇党章、遵守党规为基本要求，用习近平总书记系列重要讲话精神武装全党，教育引导党员自觉按照党员标准规范言行，进一步坚定理想信念，提高党性觉悟；进一步树立清风正气，严守政治纪律政治规矩；进一步强化宗旨观念，勇于担当作为，在工作、学习和社会生活中起先锋模范作用。

开展"两学一做"学习教育，要增强针对性，"学"要带着问题学，"做"要针对问题改。着力解决一些党员理想信念模糊动摇的问题，主要是对共产主义缺乏信仰，对中国特色社会主义缺乏信心，精神空虚，推崇西方价值观念，热衷于组织、参加封建迷信活动等；着力解决一些党员党的意识淡化的问题，主要是看齐意识不强，不守政治纪律政治规矩，在党不言党、不爱党、不护党、不为党，组织纪律散漫，不按规定参加党的组织生活，不按时交纳党费，不完成党组织分配的任务，不按党的组织原则办事等；着力解决一些党员宗旨观念淡薄的问题，主要是利己主义严重，漠视群众疾苦、与民争利、执法不公、吃拿卡要、假公济私、损害群众利益，在人民群众生命财产安全受到威胁时临危退缩等；着力解决一些党员精神不振的问题，主要是工作消极懈怠，不作为、不会为、不善为，逃避责任，不起先锋模范作用等；着力解决一些党员道德行为不端的问题，主要是违反社会公德、职业道德、家庭美德，不注意个人品德，贪图享受、奢侈浪费等。要持之以恒纠正"四风"，抓好不严不实突出问题整改，推动党的作风不断好转。

开展"两学一做"学习教育，要坚持正面教育为主，用科学理论武装头脑；坚持学用结合，知行合一；坚持问题导向，注重实效；坚持领导带头，以上率下；坚持从实际出发，分类指导。要以党支部为基本单位，以

"三会一课"等党的组织生活为基本形式，以落实党员教育管理制度为基本依托，针对领导班子和党员干部、普通党员的不同情况作出安排。要给基层党组织结合实际开展学习教育留出空间，发挥党支部自我净化、自我提高的主动性，防止大而化之，力戒形式主义。

三、必须明确"两学一做"学习教育路径

学习党章党规，必须着眼明确基本标准、树立行为规范。党章是管党治党的总章程，集中体现着党的基本理论和政治主张，集中体现着党的集体意志和原则要求。作为共产党员，必须尊崇党章、学习党章、遵守党章、维护党章。党规党纪是对党章的延伸和具体化，是规范党员行为的具体遵循。深入学习党章党规，唤醒党员党章党规意识，强化党章意识，自觉把党章作为做人做事的根本遵循；要强化纪律意识，自觉做到守纪律、讲规矩，把政治纪律和政治规矩摆在首位，牢固树立政治意识、大局意识、核心意识、看齐意识。坚持高线、守住底线，严格执行《廉洁自律准则》《纪律处分条例》做到抓早抓小，一把尺子量到底，一寸不让抓执行。

四、精心组织确保学习教育扎实开展

这次专题教育不是一次活动，不分批次、不设环节，而是融入领导干部经常性的学习教育。

一是坚持领导带头。从领导班子开始，各级领导干部要以身作则，当标杆、作示范，以上率下。特别是党委班子成员，要自始至终把责任扛在肩上，带头学习提高、带头讲党课、带头查找问题、带头开展批评与自我批评、带头整改落实。

二是坚持从严要求。要以从严从实的作风开展学习教育，把严的标准、严的措施、严的纪律贯穿学习教育始终，以严促深入，以严求实效。特别是要把专题党课、专题学习研讨、专题民主生活会和组织生活会、民

主评议党员、整改落实这五个"关键动作"抓细抓实抓到位，真正从思想上、工作上、作风上严起来、实起来。

三是要坚持问题导向。要坚持向问题"叫板"，把问题意识、问题导向贯穿学习教育的全过程，把发现问题、找准问题、解决突出问题作为这次学习教育的出发点和落脚点。

四是要坚持转变作风。要以学习教育促作风转变，落实全年目标任务。面对公司被动发展的局面，实现稳中求进，抓好改革、发展、稳定各项工作，完成全年目标任务，都必须靠好的工作作风来保证，我们要以"两学一做"学习教育的新成效，切实转变作风，振奋精神，努力开创我公司各项工作新的局面。

同志们，搞好这次学习教育，意义深远、责任重大。让我们紧密团结在以习近平同志为核心的党中央周围，按照市委、区委的要求，扎扎实实把学习教育组织好、开展好，从严打造一支对党忠诚、个人干净、敢于担当的党员队伍。

改革发展篇

1. 全面实施内部诊断，深入查找剖析问题。完成绿富隆《企业诊断报告》，进行问题原因排查。一是主营业务不赚钱。有机蔬菜销售不断萎缩，主营业务收入依赖无公害蔬菜，亏空部分更多依靠财政项目。二是整体营销缺统筹。市场开发运营不畅、渠道单一，营销中心与直营店、特产店、生产基地、加工厂等业务脱节。三是人员结构欠合理。公司专业人才缺乏，本科以上、专科学历人员分别占 16.5％、26.6％，农业技术、市场营销、企业管理等专业人员占 18.9％。四是管理运营不科学。决策机制不合理，重大事项组织实施公开透明程度不高，利益机制不合理，奖惩制度不明晰，绩效考核与实际工作脱节，生产、加工、销售部门各自为战、协同配合差；激励机制不合理，职工积极性不高、责任心不强。

2. 积极开展外部市场调研，寻找公司发展定位。完成《北京有机农产品市场调研报告》，通过调研报告明晰了有机农产品发展现状；摸清了北京有机蔬菜市场格局；归纳了有机蔬菜企业经营模式；分析了有机产业发展困境；展望了有机产业发展前景。

3. 制订公司"十三五"规划，加速推进公司转型。推进公司向平台服务型企业转型立足，区国资办为公司制定了绿富隆公司实现平台化转型工作方案，推行"三重一大"事项民主决策，坚持重大经营活动法制先行，做到全程留痕。

4. 完善公司各项制度，确保企业健康运转。重新制定完善各项制度，包括财务制度、职工晋升、绩效奖励、车辆管理、职工年休假、值班与加班等一系列管理办法，给部门及下属单位严格执行。

5. 全面核查公司资产，确保物尽其用。以部门为单位，实行固定资产管理责任到人，确保国有资产不流失。

6. 调整部门配置，优化人才资源。新增战略发展部，制定实施未来发展规划等；新增纪检监察部，加强内部监督管理等；新增宣传策划部，统筹安排对外营销宣传工作。

7. 压缩"三公"经费，提高职工福利。8月开始，公司为全体员工缴纳住房公积金，职工十多年的愿望得以实现；改善职工就餐与午休环境；组织职工健康体检；加强员工培训，组织人事、财务人员进行专项培训。

8. 圆满完成 2016 年度经营任务。全年总收入 3 146 万元，同比增长 25%；总支出 3 331 万元，同比下降 27%，净利润－185 万元，同比减亏 35%。2016 年初与东羊坊基地、加工厂、东龙湾基地、大兴配送中心、直营店、特产店、营销中心签订目标责任书 7 份。年底 7 个部门除营销中心与签订的目标任务基本持平以外，其他部门分别比任务超额完成 57.34%、23.5%、95%、21%、12.6%、5.7%。

北京有机农产品市场调研报告

摘要：为明晰绿富隆发展外部环境，准确识别有机产业发展风险，及时把握发展机遇，本次调研以北京有机蔬菜市场为切入点，对北京地区有机蔬菜基地、市场、渠道和消费者进行了全面调研，初步提出了下一步绿富隆发展方向。

一、全球有机农业发展方兴未艾，我国进入并将长期处于快速成长期

（一）欧美澳等起步早，引领全球有机产业发展

1911 年，美国农业经济学家 King 撰写的《四千年的农民》中首次提出了有机农业思想。1960 年前后，石油危机的影响促使人们重视合理利用资源、有效保护环境，世界上主要的有机农业协会和研究机构相继成立。1990 年以后，美国、欧盟等相继颁布有机农业法律、成立贸易机构，有机农业进入快速发展阶段，截至 2014 年，全球有机农地面积为 4 370 万公顷、有机食品（含饮料）的销售总额为 620 亿欧元，其中欧洲、美洲和大洋洲拥有世界 1/3 的有机农地，贡献了超过 80％的销售额。

（二）我国有机农业发展相对较晚，但势头迅猛、日趋规范

我国有机农业始于 1990 年前后，首先经历了贸易驱动的起步阶段、政策驱动的规范阶段，这一时期国家有机认证体系和有机行业标准陆续出台，有机认证企业数量由起初 22 家暴发式增长至 7 387 家。2012 年以后，随着国家《有机产品认证目录》《有机产品认证管理办法（修订版）》的颁布，我国有机产品生产领域重新洗牌，有机产业发展跨入消费驱动的理性成长阶段。截至 2014 年，我国有机农地面积 190 万公顷、有机食品（含饮料）的销售额 37 亿欧元，均位居全球第四，有机农业产业在全球市场中的重要性愈发凸显。

二、国内有机蔬菜产业起步不久，北京市场相对较大，但尚未成熟

（一）我国有机蔬菜生产绝对值高，但实际需求小

我国是全球最主要的有机蔬菜生产国之一，2013 年全国有机蔬菜种植面积 2.3 万公顷，位居全球第五。但国内有机蔬菜在总体蔬菜供给中的占比很低，2014 年全国有机和有机转换认证蔬菜总产量为 55.0 万吨，占全年蔬菜总产量的 0.07%，与发达国家的 2%～3% 占比相去甚远。

（二）北京是国内重要的有机蔬菜消费市场，延庆产品供应第一

从全国范围看，北京有机食品市场发展相对较快，巨大的市场需求衍生出北京城郊基地有机食品配套生产，尤其是蔬菜类农产品的种植。目前北京市具有有机认证资质的蔬菜生产企业共 91 家，全年本地和外埠基地

总产量 2.7 万吨，占全市全年蔬菜供应总产量的 0.3%，超过全国平均水平 4 倍多。其中，延庆有机蔬菜产量 3 910 吨，占北京地区产量的 26.6%，位列各区榜首。

（三）北京有机蔬菜市场格局多元，不同类型企业竞争激烈

从产业链条分布看，不同企业选在产业链的某个或几个环节发力，主要类型包括单一生产型、产销一体型、品牌运营型、商贸流通型和平台电商型。从主打产品类型看，一是有机农场之间的竞争，如昌平的湖西岛、延庆的绿富隆和北菜园、平谷的沱沱工社等；二是品牌菜企业的竞争，如昌平的小汤山、朝阳的永顺华、通州的方圆平安等；三是无有机认证但主打生态蔬菜概念企业的竞争，这类企业主要依托圈子发展会员，以小而美的形态存在，难以做大。

（四）北京有机蔬菜产业体系不够完善，面临生存发展难题

有机蔬菜产业链包括生产加工、流通服务及消费三大环节，总体看北京地区的企业单打独斗、衔接不畅的现象较为普遍，导致有机蔬菜行业面临不少突出问题，一是企业重生产轻营销，大部分渠道能力薄弱，客户积累不足，多数处于亏损状态；二是生产成本居高不下，北京地区土地租金、人工工资以及土地转换期的高成本和高风险等压缩了利润空间；三是消费信任存在危机，接受调研的消费者很多不了解有机食品，知晓的不完全相信有机认证，对有机产品质量持怀疑态度。

三、北京有机农产品产业发展趋势向好，有机蔬菜市场空间巨大

（一）各级政府和部门陆续出台鼓励有机农产品产业发展的扶持政策

国家历来重视农业发展和食品安全，对有机农产品产业扶持的指导思路相继经历了鼓励出口、认证推广、质量监管、品牌打造阶段，随着近年来生态文明建设上升至前所未有的高度，农业部、环保部、商务部等部门，北京市、延庆区等地方均出台引导规范有机农产品产业发展的利好政策。

（二）居民对食品安全的重视和消费水平的提高增加刚性需求

相关数据显示，近年来北京城镇居民消费的恩格尔系数不断下降，2014年为30.8%，接近联合国对消费水平规定标准中30%的最富裕分界线。尽管食品消费占总支出比例不断下降，但绝对金额逐年增长，说明北京市居民对食品的消费习惯正逐渐转向对品质的追求。

（三）全球有机农产品产业发展规律表明有机蔬菜产业有很大发展空间

国际有机联盟发布数据表明，我国有机食品年人均消费仅为3欧元，不到全球平均水平的40%，仅为发达国家水平的1/15。对比发达国家有机蔬菜与蔬菜总量比例，北京市有机蔬菜需求容量在年均15万吨左右，仍有12万多吨市场需求，按照目前有机蔬菜价格每千克30元计算，市场空间超过36亿元。

（四）尚未成熟的行业市场既是巨大的挑战，更是难得的机遇

目前，北京有机蔬菜行业整体利润水平低、消费信任危机高，缺少行业龙头企业和知名品牌，市场格局远未定型。虽然绿富隆现阶段仍存在历史债务沉重、市场营销乏力、管理运营落后等诸多问题，但区委区政府的扶持、业内品牌多年的积淀、国有企业相对较高的公信力等也为绿富隆实现后发赶超提供了可能。

四、绿富隆加快转型升级，引领地区现代农业产业发展

（一）借力协会平台，形成集团优势

借助延庆有机农业协会，面向市场建立健全延庆优质农产品营销体系。一是摸清家底，制定"互联网＋延庆优质农产品"未来五年发展规划与实施细则。二是加大合作，实现有机蔬菜生产企业共赢，将现有生产优势转化为市场优势。三是优化产品，整合区内米面粮油果等其他优质农产品，为消费者提供餐桌健康营养食品整体解决方案。

（二）加大宣传力度，打造区域品牌

制定延庆优质农产品统一品牌，引导区内有资质的生产企业加入，借助电视台、报纸、网络平台、微信或微博等媒体，或走进社区、超市，或参加大型活动和展会等，持续提高品牌知名度，让更多消费者知道、认可延庆品牌。

（三）加强行业监管，保障质量安全

高品质是延庆优质农产品走出去、卖得好的基础和优势。建议区农业局牵头，制定延庆优质农产品生产标准并在全区推广，出台农产品检测奖励补助政策，鼓励企业主动加入质量监督体系；同时统筹区内食品安全检测部门，定期、不定期抽检产品，严格把控企业和产品准入门槛和退出机制。

（四）优化配送服务，提高流通实效

农产品保存时效性强，尤其是鲜活农产品对包装配送的要求更高。建议以延庆优质农产品中转站（农邮通）为主要抓手，进一步加大支持力度、规范管理运营，打造从田间地头至客户餐桌5小时投递圈，确保产品新鲜度、降低配送成本、减少客户投诉。

（五）加强市场营销，构筑渠道体系

一是精准锁定客户。现阶段有机蔬菜消费群体仍是小众，根据高收入行业和高端社区分布情况，下一步重点开发东城、西城、海淀、朝阳等区的高收入群体、孕婴童家庭和全市高端养老机构等，积累有效客群。

二是全面拓展渠道。线下做规模，线上做品牌，直供做客群。线下渠道，商超系统尽管费用较高，但能快速放量，不能轻易放弃，同时适当设立直营体验店；线上渠道，自营平台旨在提升品牌知名度和产品可信度，追求销量可借船入海，入驻淘宝、京东等大型电商平台；直供渠道，利润率最高，主要面向个人会员、集团采购及高端餐饮客户等。

三是转移营销中心。目标北京主城区市场，在城六区构建营销中心，扩大辐射范围、优化客户服务；打破人才发展瓶颈，与优质营销团队合作，以营销驱动业务增长。

专 文

"十三五" 发展规划

（一）企业定位

专注有机农业，引领绿色生活。未来 5 年，绿富隆将立足首都、面向农业，由单一生产型企业逐步转型为平台服务型企业，实现有机产品生产者、绿色生活倡导者、农业科技创新者有机合一。

（二）核心价值观

创新开放奋斗共赢。

（三）企业目标

1. 财务目标。一是营业收入年均增长 20％，到 2020 年比 2015 年翻一番；二是净利润逐步增加，2016 年减亏 30％，2017 年减亏 50％，2018 年扭亏为盈，2019 年、2020 年实现利润 10％；对外负债五年零增长。职工人均收入年均增长 15％，到 2020 年比 2015 年增长 60％以上。

2. 市场目标。一是品牌目标，三年内打造成北京地区有机蔬菜知名品牌，五年内树立延庆地区优质农产品品牌。二是客户目标，延庆优质农产品消费会员三年达到 3 000 名，五年达到 6 000 名。三是渠道目标，基本形成多元化渠道体系，建立直营店、体验店 30 家，入驻大型商超 50 家，合作渠道机构 20 家，实现与大型第三方电商平台全面合作，自营平台业绩稳定。

3. 产业目标。 借助博士后科研工作站科研技术力量，构建区域生产服务平台，建立、推广标准化农业生产模式，为延庆有机产业、园艺产业等提供技术支撑；通过有机农业协会平台加速对接市场，以优质农产品、园艺新产品为优先切入点，以业务促生产，引领带动合作社及农户发展，加快农民脱贫致富。

4. 资本目标。 对照上市公司要求，完善规范公司运营管理，引进战略合作伙伴，进行股权重组，绿富隆股份超过 50%，力争三年内公司或下属公司实现新三板上市。

（四）发展思路

1. 立足自身、提升实力，实现"1 增"、"1 减"、"1 规范"。

第一，"1 增"即做强有机蔬菜主营业务。一是严格执行有机生产标准，树立绿富隆品牌，结合"互联网＋"，实现全产业链质量实时追溯体系。二是科学规划生产，优化产品组合，以消费者需求习惯为引导，与米面粮油等品牌商合作，提供餐桌有机食品整体解决方案。三是构筑渠道体系，转移营销中心至主城区，引进合伙人团队，进入商超提高市场占有率和品牌知名度，通过自营和第三方平台加大口碑宣传和线上销售，对接大客户和直供会员培育稳定的消费群体。

第二，"1 减"即严控运营成本、缩减剩余产能。转变粗放式管理模式，严格核算种植、加工、销售、配送等环节成本，杜绝跑冒滴漏现象；确立市场决定生产机制，有机蔬菜种植规模先缩再扩、以销定产，减少因盲目生产造成浪费；在加工方面，严控无序投资扩建，加强对外合作，充分挖掘利用现有产能。

第三,"1 规范"即规范管理、创新机制。进一步规范公司管理运营,完善、执行各项规章制度,优化部门配置,加大人才培养和引进力度;坚持以市场为导向,建立激励机制,实现工资收入与绩效业绩密切挂钩,充分调动员工积极性,参与公司转型发展;建立现代企业制度,加紧推进清产核资,适时启动改制重组、探索产权多元化,不断提升自身造血能力和市场竞争力,稳步推进公司上市。

2. 善用外援、协同合作,做好"4 个借力"。

第一,借力 2019 年世界园艺博览会(以下简称世园会),服务重大项目和公益事业,拓展主营业务范围。借助世园会园艺蔬菜后备基地建设,打造 100 亩园艺蔬菜新品种、新技术集成示范基地,同步挖掘蔬菜的食用价值和观赏价值;开发阳台蔬菜、盆景蔬菜等有创意、便携带的观赏蔬菜新产品,寻找转型发展新经济增长点。

第二,借力地区绿色生态优势,服务消费者,加快发展休闲农业。加大休闲旅游等基础设施建设,新增园区观光、科普、餐饮、住宿等功能;结合延庆现有旅游、文化资源,以"有机生产和园艺观赏"为主题,突出创意和品质,为游客提供亲近田园自然、体验农耕文化的优质服务;新增"市民后院一分地"项目,根据会员和客户需求,提供托管或自种服务。

第三,借力博士后科研工作站,服务生产者,保障地区农业生产。通过整合农业科研院所及博士后流动站等技术资源,成立种苗培育、病虫防治、安全检测、质量监管等技术服务团队,制定、输出优质农产品生产标准,为地区农业生产企业、合作社及有意愿的农户提供智力支持与技术保障。

第四,借力有机农业协会,服务销售方,引导带动地区现代农业发展。

一是统筹资源、形成合力。借助延庆有机农业协会,整合区内优质农产品资源,加大与质量监督部门和第三方配送单位合作力度,分别建立地区农产品质量检测中心和配送中转站,严格把控企业与产品准入门槛,提高产品流通时效性和透明度,为消费者提供从田间直达餐桌的高品质服务。

二是统一品牌、对接市场。以"自愿加入、互利共赢"为原则，建立龙头企业－合作社—农户营销运营体系，统一"延庆优质农产品"标识，与各成员单位现有品牌整合；引进合伙人营销团队，统筹管理、宣传与营销，建立地区农业企业、合作社管理服务平台和电商、微商销售服务平台，搭建农产品会展展销平台，在北京主城区建立直营店、体验店等销售终端，提高品牌形象和市场占有率。

三是资金保障、服务小微。针对地区中小型涉农企业，尤其是资金短缺、抗风险差的合作社、低收入户农户，进行生产数据评估及合理信用评估，提供小额贷款服务。

北京绿富隆农业股份有限公司实现平台化转型工作方案

一、北京绿富隆农业股份有限公司基本情况

（一）具有一定规模，享有较高声誉

北京绿富隆农业股份有限公司（以下简称绿富隆），成立于 2002 年 12 月，注册资金 3 300 万元，总资产 1.4 亿元，为延庆国有全资农业企业。公司主营业务涵盖有机蔬菜生产、加工、销售、配送等全产业链。现有在职员工 79 人，拥有北京博绿园有机农业科技发展有限公司等下属企业、合作社 12 家（见附件 1）。绿富隆有机蔬菜种植面积达 1 500 亩，拥有春秋生产大棚 475 座，有机蔬菜产能为 1 920 吨，占北京市认证产量的 7.02%，位居北京市第三名，若从本地化有机蔬菜认证产量的角度来说，绿富隆则位居北京市第一位。同时，绿富隆还拥有果蔬加工中心 2.5 万米^2，有制粉加工车间、杂粮精选车间、低温冷库、急冻车间，具备净菜加工、鲜切菜加工、速冻蔬菜加工、脱水蔬菜加工能力，同时具备一定规模的保鲜储存能力，年可加工储存农产品 3.5 万吨。

绿富隆是北京 2008 奥运商品供应先进单位、全国农产品加工示范企业，先后通过了有机认证、GAP、ISO9001、ISO14001、HACCP 等 9 项认证，为中国有机农业产业发展联盟理事单位和北京市农业产业化重点龙头企业。绿

富隆曾荣获农业部中国名牌农产品、国家农业标准化示范区、北京市著名商标等 14 项荣誉，在全市乃至全国有机蔬菜企业中享有较高声誉。

（二）市场前景广阔值得放手一搏

从全球有机产业发展来看，中国有机产业刚刚起步，目前发达国家有机食品年人均消费超过 50 欧元，我国仅为 3 欧元，不到全球平均水平的 40%。同时，由于居民对食品安全的重视和消费水平的不断攀升，我国有机产业未来仍有巨大发展空间。

从北京市的数据来看，近年来城镇居民消费的恩格尔系数不断下降，2014 年达到 30.8%，接近 30% 的最富裕分界线，表明北京市居民对食品消费习惯逐渐转向对品质的追求，有机产品的市场需求将得到进一步明晰和释放。

从区位条件来看，延庆得天独厚的自然条件，造就了有机农业生产的巨大优势。在社会口碑中，延庆已经成为北京有机农业的代表。近年来，延庆涌现了一批在全市享有一定声誉的有机生产者及具有一定品质和规模的优质农产品。延庆政府对有机产业的发展也非常重视，相继出台了诸多支持政策，为激发延庆有机农业的整体活力奠定了基础。

从自身来看，绿富隆拥有千亩有机种植基地，同时在有机种植技术上拥有一定积累，随着博士后科研工作站的建立，技术实力大大增强，具备了技术输出的基础。而巨大的产能和较好的口碑，也为绿富隆主动开拓渠道，拓展消费市场与占有率提供了有力支撑。同时，绿富隆作为延庆唯一农业国企，也应当以自身的搞活树立延庆有机农业的标杆，以平台化思路带动全区涉农企业的发展。

二、指导思想

以延庆区政府《进一步深化区属国资国企改革的意见》为指导，以提高国有资产效率，增强国有企业活力为核心，优化国有资本配置，完善体制机制，逐步建立规范、科学的现代企业制度，以确保国有资产保值增值为目标，切实推动企业做优做大做强。

三、工作原则

（一）优化国有资本配置，提升企业综合竞争力

以社会主义市场经济为导向，以经济效益为中心，提高优质资源整合力度，优化产品结构，增强企业竞争力，提高国有资本收益率。

（二）依托现代企业制度，提高企业治理水平

依据《中华人民共和国公司法》《中华人民共和国企业国有资产法》及公司《章程》，完善企业董事会、监事会、高级管理层建设，逐步形成互相依托、互相制衡的监督制约机制，并在企业中不断加强党的建设，促进企业健康发展。

（三）创新驱动发展，激发企业活力

借力世园会、冬奥会不断创新经营模式，研究探索新的经济增长点，开创新的发展思路，重新激发企业活力。

（四）拓宽业务范围，稳步提升效益

整合内外部资源，完善产品链条，通过开拓金融服务、技术输出、有机展示、园艺农业等多元化业务模式，拓宽盈利范围，稳步提升效益。

四、工作目标

（一）财务状况极大改善

按原口径计算，一是营业收入年均增长 20%，到 2020 年比 2015 年翻一番；二是净利润逐步增加，2016 年减亏 30%，2017 年减亏 50%，2018 年扭亏为盈，2019 年、2020 年实现利润 10%。职工人均收入年均增长 15%，到 2020 年比 2015 年增长 60% 以上。

（二）营销推广稳步提升

一是品牌目标，三年内打造成北京地区有机蔬菜知名品牌，五年内在全市范围树立延庆地区优质农产品品牌。二是客户目标，三年累计有机蔬菜消费会员客户 3 000 名，五年累计延庆优质农产品消费会员 6 000 名。三是渠道目标，基本形成多元化渠道体系，建立直营店、体验店 30 家，入驻大型商超 50 家，合作渠道机构 20 家，实现大型第三方电商平台 100% 覆盖，自营平台业绩稳定。

（三）核心竞争力有效加强

借助博士后科研工作站技术优势和整合技术优势，构建区域生产服务平台，建立、推广标准化农业生产模式，为延庆有机产业、园艺产业等提供技术支撑；通过有机农业协会平台加速对接市场，以优质农产品、园艺新产品为优先切入点，以供给促销费，以市场带生产，引领带动合作社及农户发展，加快农民致富步伐。

（四）科学化管理全面落实

在重点推进现代企业制度建设，充分发挥董事会的决策作用、监事会的监督作用、经理层的经营管理作用、党组织的政治核心作用的同时，对标上市公司，落实基础管理、识人用人、目标管理、绩效激励等内部管控制度，不断完善和规范公司运营管理。

（五）党的领导全面加强

以延庆区委区政府《关于进一步深化区属国资国企改革的意见》为指导，把加强党的领导纳入企业章程并与完善公司治理有机结合。突出党组织在国有企业法人治理结构中的法定地位，充分发挥党组织的政治核心作用。坚持党的建设与国企改革同步谋划，党的组织及工作机构同步设置，党组织负责人及党务工作人员同步配备，党的工作同步开展。坚持和完善双向进入、交叉任职的领导体制。在企业重大事项的决策、重要干部的任免、重要项目的安排以及大额资金的使用上，充分体现党的领导地位。

五、转型方案

（一）整合优质资产，为"绿富隆"品牌提供新的发展平台

整合优质资产，组建"北京绿富隆农业科技发展有限公司"。新公司设立后将以其优质的资产组合提高融资能力，拓宽融资渠道。同时以成熟的"绿富隆"品牌继续对外开展经营，适时汲取社会资本投入，进一步融合外部资源，逐步实现平台化发展。未来将形成以金融服务、技术输出、有机展示、园艺农业等多元化业态为主的发展模式，稳步提升效益。

重组后：

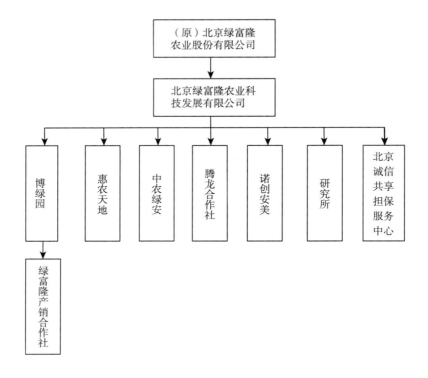

（二）构建农业生产技术服务平台，为延庆现代农业提供智力支持和技术保障

一是统筹全区技术服务专家团队，依托绿富隆博士后科研工作站，联合种植业服务中心，将全区的农业专家团队整合到绿富隆博士后科研工作站，作为博士后外聘导师，壮大全区技术服务专家团队力量。二是借助绿富隆博士后科研工作站，加大技术整合与输出力度。加大与中国农业科学院、北京市农林科学院等科研院所的合作力度，引进、培养农业科技创新人才，制定、输出优质农产品生产标准，指导农业生产过程。三是借助世园会园艺蔬菜后备基地建设，以科技创新为驱动，打造 100 亩园艺蔬菜新品种、新技术集成示范基地；开发阳台蔬菜、盆景蔬菜等有创意、便携带、易存放的观赏蔬菜新产品。

（三）构建农业产业市场服务平台，创新"互联网＋绿富隆＋延庆优质农产品"运营体系

一是统筹全区农产品流通市场，结合冬奥会及世园会两件世界绿色大事，发挥绿富隆园艺及花卉产业优势，对接延庆区内、两会园区内景观建设及延庆区沟域建设。二是借助延庆有机农业协会，以"自愿加入、互利共赢"为原则，建立"延庆优质农产品"统一标识，整合各成员单位现有品牌，引进合伙人营销团队，统筹管理、宣传与营销。三是搭建农产品线上展销平台，构建电商和微商销售服务系统，100％覆盖第三方线上销售系统，在北京主城区建立直营店、体验店、营销中心等销售终端，完成线上线下业务贯通。四是整合区内优质农产品资源，加大与质量监督部门和第三方配送单位合作力度，分别建立地区农产品质量检测中心和配送中转站，严格把控企业与产品准入门槛。五是结合延庆现有旅游、文化资源，加大休闲旅游等基础设施建设，打造集园区观光、科普、餐饮、住宿于一身的农业园区综合体；以"有机生产和园艺观赏"为主题，突出创意和品质，为游客提供亲近田园自然、体验农耕文化的优质服务。

同时，结合新公司生产经营实际需要，整合区内中型客货车资源，为新公司扩大生产增加市场占有率提供适用的配送流通交通工具。另外，整合区内优质店面，增加新公司直营店及体验店布局，为老百姓提供便民服务和优质农产品购买渠道。

（四）发挥金融服务平台职能，带动延庆农业全面发展

整合诚信共享担保服务中心业务，以延庆有机协会为撮合平台，以新公司自身资源作为辅助增信措施，通过小额信贷金融服务整合符合品质要求的涉农企业、合作社及农户生产资源实现共同发展。通过对低收入农户提供资金支持、资源支持、服务支持，研究帮扶政策，发挥国有企业社会

职能。同时，加大同市属国企中投融资担保机构合作，在诚信共享担保服务中心中引入专业的担保机构资本，做大涉农金融服务规模，做深服务层次。

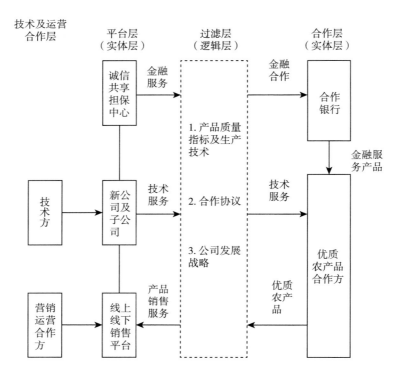

新公司平台化运营脉络图

（五）强化内部管理，落实管理增效措施

1. 规范治理、创新工作机制

进一步规范公司治理结构，加强董事会、监事会建设，推行经理层聘任制等现代企业管理模式，在公司中建立权责对等、运转协调、有效制衡的法人治理结构。建立健全公司各项规章制度，优化内设机构组成，加大人才培养和引进力度；坚持以市场为导向，设立合理的激励机制，实现工资收入与绩效业绩密切挂钩，充分调动员工积极性，主动参与到公司的转型发展；加紧探索产权多元化，不断提升自身造血能力和

市场竞争力。

2. 做强产品，严控运营成本

一是严格执行有机生产标准，扎牢绿富隆品牌，结合"互联网＋"，构建全产业链质量实时追溯体系。二是转变粗放式管理模式，严格核算种植、加工、销售、配送等环节成本，杜绝"跑冒滴漏"现象。三是科学规划生产，优化产品组合，以消费者需求为导向，与米面粮油等行业品牌商合作，打造餐桌有机食品整体解决方案。四是构筑渠道体系，转移营销中心至主城区，引进合伙人团队，以商超为主战场提高市场占有率和品牌知名度，通过自营和第三方平台加大口碑宣传和线上销售，对接大客户和直供会员，逐步培育稳定的消费群体。五是确立市场需求为导向的生产机制，适时调整结构，以销定产，减少因盲目生产造成浪费。

（六）加强党的领导，强化党在企业中的政治核心作用

按照市委组织部、市国资委党委《关于将党建工作总体要求纳入企业章程的通知》的要求，企业应将加快党建工作总体要求纳入企业章程。一是根据中国共产党章程规定，设立党的组织，建立党的工作机构，配齐配强党务工作人员，保障党组织的工作经费。公司党组织发挥把方向、管大局、保落实的重要作用。二是董事会决定公司重大问题，应当事先听取公司党组织的意见。重大经营管理事项必须经党组织研究讨论后，再由董事会或经理层作出决定。三是党组织向董事会、总经理推荐提名人选，或者对董事会或总经理提名的人选进行酝酿并提出意见建议；会同董事会对拟任人选进行考察，集体研究提出意见建议。四是企业党组织工作和自身建设，应按照中国共产党章程等有关规定办理。企业在经营管理过程中，要同步健全完善"三重一大"决策制度和党组织议事规则，进一步明确党组织在决策、执行、监督各环节的权责和工作方式，确保党组织在公司法人治理结构中的法定地位得到真正落实。

大 事 记

领导考察篇

6月6日，延庆区区长穆鹏、区国资办副主任邬劲松、政府办副主任赵志强一同到公司进行调研。穆鹏区长指出：一是绿富隆成立以来对延庆区经济社会发展做出了突出贡献，包括延庆绿色有机农产品品牌形成、推广、市场扩展；通过协会、合作社带动农户共同富裕。二是有机农产品是绿色朝阳产业，符合延庆绿色经济本质要求。

7月26日上午，中国农业科学院植物保护研究所党委书记、副所长张步江，副所长邱德文、文学等一行到绿富隆东羊坊和东龙湾基地进行实地调研，延庆区副区长刘瑞成出席本次活动。双方就未来合作方向进行座谈，并达成一系列合作意愿。

8月5日上午，农业部全国农业技术推广服务中心经作处处长李莉，北京市农业局蔬菜处处长王艺中，市农业局推广站站长王克武、副站长李红岑一行到绿富隆东羊坊基地进行考察调研，双方就有机农业生产、世园会园艺蔬菜产业、现代休闲农业等进行座谈。

10月20日上午，中共延庆区委书记李志军到绿富隆有机农业示范园进行调研。区领导李军会、黄克瀛、吕桂富、刘瑞成陪同调研。李书记先后视察了绿富隆有害生物雷达监测预警、有机蔬菜生产、园艺蔬菜产品开发等工作，听取了公司运营现状、发展思路以及历史遗留问题处理等方面的汇报。调研过程中，李书记对绿富隆2016年以来的各项工作予以肯定。

他指出，2019 年世园会、2022 年冬奥会在延庆举办，为绿富隆转型发展提供了重要机遇。绿富隆是北京市农业产业化重点龙头企业，曾圆满完成了 2008 年北京奥运会的蔬菜供应任务，具有良好的有机农业发展基础。李书记强调，绿富隆要紧抓历史机遇，加快推进公司向平台服务型企业转型，早日实现上市。要加速解决历史遗留问题，促进公司轻装上阵。要更好地发挥龙头企业作用，带动地区农民增收致富。

11 月 22 日上午，中共延庆区委副书记李军会来到绿富隆加工配送中心，调研了延庆区农产品集散配送中心（农邮通服务站）的建设实施情况。区农委书记徐自成、组织部调研员杨志强陪同调研。绿富隆公司总经理刘宇做了农产品集散配送中心的现状及将来运行机制的汇报。李军会副书记要求加快构建"快递下乡"和"农产品进城"双向物流服务体系，并对"协会搭台，企业参与"的做法及农产品流通方式的创新给予了充分肯定。

11 月 23 日下午，延庆区副区长董亮到绿富隆公司东羊坊生产基地调研，听取了公司总经理刘宇关于公司现状及未来发展方向的汇报。董亮副区长要求绿富隆加快细化公司发展目标，并对过去的工作给予了充分肯定。

11 月 29 日，植物病理学专家，中国植物保护学会常务理事裘季燕、中国农业科学院植物保护研究所副所长邱德文及该所的多位专家、博士在延庆区植保站副站长马永军、绿富隆公司副总经理国长军的陪同下，来到绿富隆公司位于延庆区旧县镇的有机种植基地，进行调研指导及座谈。

合 作 共 赢 篇

5月，东羊坊基地与中国农业科学院植物保护研究所合作，成立了全国生物防治试验示范基地。该基地采用蔬菜高效生态健康种植技术体系，包括用微生物菌肥改良土壤技术、喷施阿泰灵提高抗病性技术、撒施白僵菌和释放瓢虫控制蓟马、蚜虫基数等生物防治技术和天敌防控技术等。

5月，东羊坊基地与北京市植物保护站合作，建立全国第一家混合型昆虫雷达迁飞性害虫监测区域站。用来检测害虫数量、飞行速度、飞行高度和飞行方向，通过监测可以及早的确定防治迁飞性害虫的对策，及时大范围开展监测预警，提升了基地积极创新能力。

6月29日，东龙湾基地积极与北京市种子管理站、延庆区种子管理站、延庆区技术推广站合作，开展京津冀新品种的筛选展示。在鲜食玉米、抗旱作物、瓜廊品种、普通玉米、马铃薯及蔬菜等试验试种150个品种，为京津冀地区新品种种植及下一步世园会积累第一手试验数据。

7月5日，北京绿富隆种植基地举办了"京津冀马铃薯新品种展示示范观摩会"，观摩会上展示了颜色、形态各异的马铃薯新品种及马铃薯制品。老百姓传统印象中的山药蛋蛋，也能五彩缤纷，吃法多多，展现了"小土豆，大产业"的风采，为实现马铃薯主粮化，为保证2019年世园会顺利举办打基础，为农民增收致富寻找新机遇。

8月，北京市农业局将公司东羊坊基地列为2019年世园会后备基地。

将对 100 余个园艺观赏蔬菜产品进行试验，筛选出适宜延庆区环境的优质品种，分别用于盆栽景观造型、蔬菜迷宫、观赏廊架这三大观赏区域，更好地服务于延庆及周边地区。同时，北京市农业局将联合延庆区农业局成立技术专家服务团，在品种推广、栽培管理及种植技术等方面给予多方位的支持，在全区起到带头示范作用。

9 月 25 日，与北京市商务委员会合作的北京市蔬菜应急储备工作开始。前期蔬菜储备量达到 60％，平时储备量达到 85％，春节期间达到 100％。圆满完成了延庆地区冬季蔬菜应急保障工作。

10 月 26 日，绿富隆公司同北京市延庆区农业局与中国农业科学院植物保护研究所（下称：植保所）签订了"推进现代农业发展，保障绿色大事运行"合作协议。中国农业科学院植物保护研究所所长周雪平、副所长邱德文，北京市延庆区副区长刘瑞成出席签约仪式。绿富隆公司将与植保所在有害生物防治方面进行深入合作。在已建立的 1 000 亩全国绿色防控综合示范基地基础上，双方还将在有机蔬菜标准化生产试验示范、共建绿富隆博士后科研工作站等方面开展合作，借此为延庆引进、培养农业高科技创新人才，推广延庆优质农产品生产标准做好基础储备。同时，也为进一步推进延庆农业产业结构调整，更好地为服务世园会、冬奥会提供技术保障。

11 月 17 日上午，北京市农业局组织中国农业科学院植物保护研究所研究员程登发、北京农林科学院植保环保所研究员石宝才、北京理工大学教授胡程、延庆区植保站高级农艺师马永军、中国科学院动物研究所副研究员乔惠捷、北京农业信息技术中心副研究员李明等相关专家到北京延庆绿富隆蔬菜基地，对北京市植物保护站承担的《2016 年北京地区迁飞性害虫的昆虫雷达自动检测预警平台构建的项目》招标采购的 KC－08XVS 型双模式数字化昆虫探测雷达进行验收。北京市植物保护站测报科农艺师张智向专家们汇报了项目工作。专家们听取了厂家代表关于设备情况的汇报，审阅了有关技术说明文档，实地察看了设备及运转情况，经过咨询、讨论后形成意见，最终圆满完成验收工作。

11月24日，延庆区农产品集散配送中心揭牌暨全市"农邮通"服务站启动仪式，在延庆区绿富隆集散中心举行。北京市农村工作委员会委员左晓波，北京邮政管理局党组成员黄立群，延庆区副区长刘瑞成参加了此次活动。与会领导向全市13个区成立的"农邮通"服务站进行了授牌，并作重要讲话。绿富隆公司、邮政延庆分公司、区农业局分别作了关于推进农产品流通工作方面的发言。会上刘瑞成副区长代表区政府与中国邮政集团公司北京市分公司从电子商务、物流配送等方面签订了战略合作协议。绿富隆"农邮通"服务站以区域农产品集散配送中心为定位，辐射延庆全区，率先在农产品共同配送领域建立其产品追溯体系，为农民合作社、农业企业提供农产品集散的"统一集中"、农产品质量的"统一背书"、邮政企业的"统一配送"等"三统一"服务，实现了集约化、品质化和追溯化的农产品配送，农产品从田间地头到百姓餐桌只需5小时，大大缩短了时限，提高了品质，使百姓吃得新鲜、放心、安心。

10月14～16日，延庆区有机农业协会举办的2016年京张优质农产品推介会圆满收官。推介会由北京市延庆区农委与河北省张家口市农委主办，由北京绿富隆农业股份有限公司和延庆区有机农业协会承办。本次推介会在北京市延庆区八达岭国际会展中心举办，吸引了来自北京和张家口共计128家企业参展。本次推介会展览面积达2 600 米^2，分为延庆、京郊、张家口三大展区。其中，绿富隆公司展位面积为72 米^2，由有机农业、园艺农业、博士后科研工作站等板块组成，展品包括有机蔬菜、干果、延庆特产等。中共北京市延庆区区委书记李志军，延庆区区委副书记、区长穆鹏，北京市农村工作委员会副主任吴更雨，张家口市市委副书记、副市长李金华，北京市延庆区副区长刘瑞成等领导到公司展位参观，并对公司目前的发展状况和未来的发展方向，提出了具体要求。

员工风采篇

3月，完成了公司第一次妇女委员会选举大会，会议推选出田星星同志为第一届妇女委员会主任，王晓娟同志当选妇女委员会副主任，董鹤敏、李雪丽、王洪丽3位同志当选妇女委员会委员。完善了公司组织职能结构，加强了党对妇女工作的领导。

三八国际劳动妇女节之际，组织全体女员工进行专项体检，并组织开展"女职工趣味运动会"。

3月28日，为充分发挥工会组织在企业中的桥梁和纽带作用，公司完成工会换届工作。选举出工会主席国长军，副主席王洁，委员吴迪、田星星、李雪艳。

4月2日，是首都第32个全民义务植树日，当天上午延庆区开展了以"全力推进绿色发展大事，建设国际一流生态文明示范区"为主题的大型全民义务植树活动。绿富隆公司总经理刘宇带领绿富隆公司员工20人参与了此次义务植树活动，为春天增添新绿。

5月4日，公司团委组织青年员工进行环湖骑游及团队拓展活动，通过这次活动，使大家对低碳出行有了新的认识和兴趣，通过拓展游戏，增进了同事之间的友谊和团结向上的拼搏精神。

5月19日，绿富隆公司派出三名代表参加由延庆区农工委组织的"两学一做"党规党纪知识竞赛，经过激烈的角逐，最终荣获优秀组织奖。

通过此次知识竞赛，使公司党员轻松愉悦地掌握了党的历史知识，加深了对党的理论、路线、方针的理解，爱党、护党、为党的情怀深入人心。

7月11日，组织公司青年员工开展"谋公司大事，展青年风采"主题演讲活动。进一步号召广大团员青年做文明员工、做建功立业标兵，树立爱岗、爱企的理想信念，做企业未来主力军，并将这种热爱生活、热爱工作、不断奉献的青春正能量向全公司传递、发扬。

7月15日，组织员工参观"永远热爱党，永远跟党走"摄影展，学习老党员舍生忘死的革命事迹，传承老党员对党忠贞不渝的革命精神。

11月1日，完成党代会代表选举工作，推选出刘宇同志为党代表，参加延庆区第二次党员代表大会。

12月29日，完成党委换届工作。选举刘宇同志担任绿富隆公司党委书记，国长军同志担任绿富隆公司党委副书记，刘书满、张仲新为党委班子成员。

2016年公司工会为工会会员发放生日蛋糕券；并对公司困难职工及时进行登记，为11名员工办理困难职工补贴，5名困难职工参加延庆区总工会组织的困难职工体检，给1名职工的孩子办理了金秋助学基金；结合延庆区总工会开展"春节送温暖"活动，慰问了公司的11名困难职工，并发放慰问金和慰问品。

未 来 发 展 篇

一、加速推进公司向平台服务型企业转型

立足平台化转型方案，进一步规范公司管理运营，完善、执行各项规章制度，优化部门配置，加大人才培养和引进力度；坚持以市场为导向，建立激励机制，实现工资收入与绩效业绩密切挂钩，充分调动员工积极性，鼓励员工参与公司转型发展；建立现代企业制度，为下一步启动改制重组、探索产权多元化做好准备，不断提升自身造血能力和市场竞争力，稳步推进公司上市。

二、园艺蔬菜生产展示与新产品开发

借助 2019 年世园会园艺蔬菜后备基地建设，打造 100 亩园艺蔬菜新品种、新技术集成示范基地，同步挖掘蔬菜的食用价值和观赏价值；开发阳台蔬菜、盆景蔬菜等有创意、便携带的观赏蔬菜新产品，寻找转型发展新的经济增长点。2016—2019 年，年繁育蔬菜种苗 100 万株以上，年均营业收入 1 000 万元以上。

三、"互联网＋延庆优质农产品"营销体系建设

整合延庆区现有优秀品牌，创新实践"互联网＋延庆优质农产品"营销模式，统一"延庆优质农产品"标识，力争三年成为北京地区名品牌，提高延庆区农产品品牌形象和市场占有率，从而推动地区现代农业发展和农业产业结构升级。目标至 2019 年，三年累计积累会员 6 000 名，年营业收入 5 000 万元以上。

四、加大休闲农业建设力度

按照北京都市型农业建设规划，促进一、三产业融合，计划完善休闲旅游等基础设施，新增园区观光、科普、餐饮、住宿等功能；结合延庆现有旅游、文化资源，以"有机生产和园艺观赏"为主题，突出创意和品质，为游客提供亲近田园自然、体验农耕文化的优质服务。2016—2019 年，年均接待游客 5 万人，年收入 500 万元，同时直接提供 100 个劳动就业岗位。

图书在版编目（CIP）数据

2016北京绿富隆农业股份有限公司年鉴 / 北京绿富
隆农业股份有限公司办公室编纂 . —北京：中国农业出
版社，2017.6
ISBN 978-7-109-23112-2

Ⅰ.①2…　Ⅱ.①北…　Ⅲ.①农业企业—北京—
2016—年鉴　Ⅳ.①F327.1-54

中国版本图书馆 CIP 数据核字（2017）第 156543 号

中国农业出版社出版
（北京市朝阳区麦子店街 18 号楼）
（邮政编码 100125）
责任编辑　张洪光

中国农业出版社印刷厂印刷　新华书店北京发行所发行
2017 年 6 月第 1 版　2017 年 6 月北京第 1 次印刷

开本：787mm×1092mm　1/16　印张：3.75　插页：4
字数：45 千字
定价：66.00 元
（凡本版图书出现印刷、装订错误，请向出版社发行部调换）